AF586332

LETTRES

DE M[r]

DE L'ISLE,

PROFESSEUR ROYAL,

ET

DE L'ACADEMIE ROYALE

des Sciences, &c. à M....

Sur les Tables Astronomiques de M. Halley, ci-devant Directeur de l'Observatoire Royal de Greenwich.

PREMIERE LETTRE.

A PARIS.

M. DCC. XLIX.

LETTRES
DE M^R^ DE L'ISLE,
PROFESSEUR ROYAL, ET DE L'ACADEMIE ROYALE des Sciences, &c. à M.....

Sur les Tables Astronomiques de M. Halley, ci-devant Directeur de l'Observatoire Royal de Greenwich.

PREMIERE LETTRE.

VOus avez appris, Monsieur, par des Lettres particuliéres & par les nouvelles publiques, que les tables Astronomiques de M.

Halley, que l'on a attendues depuis ſi longtemps avec tant d'empreſſement, paroiſſent enfin & ſont en vente ; & comme vous ſçavez qu'il y a longtemps que je les ai, vous me demandez ce que ces tables ont de ſi avantageux, qui les a du faire tant ſouhaiter, & pourquoi elles ont ſi fort tardé à être publiques. Il me ſera aiſé de vous répondre, ayant à écrire à une perſonne qui par ſes connoiſſances dans l'Aſtronomie, eſt perſuadée comme vous l'êtes de l'utilité des tables Aſtronomiques pour la perfection de cette ſcience.

Pluſieurs perſonnes ont regardé comme vous, Monſieur, la conſtruction des tables Aſtronomiques, comme le but principal de l'Aſtronomie, & effectivement outre que c'eſt l'expédient le plus ingénieux que l'on ait trouvé juſqu'à préſent, pour exprimer les connoiſſances que l'on a acquiſes du mouvement des corps céleſtes, & pour employer le plus facilement qu'il eſt poſſible les connoiſſances acquiſes dans l'Aſtronomie aux différens uſages auxquels cette ſcience peut s'appliquer, on peut encore conſidérer dans les tables Aſtronomiques leur utilité pour la perfection de l'Aſtronomie, puiſque pouvant ſervir à faire connoître dans tous les temps l'état du Ciel, il ne s'agit que de les comparer fréquemment avec les obſervations pour reconnoître & corriger ce qui manque à nos connoiſſances.

Comme l'on n'eſt parvenu que par dégrés à la plus parfaite connoiſſance que nous avons à préſent de l'Aſtronomie, & cela à force d'obſervations & de calculs, l'on conçoit déja que les derniéres tables dévroient l'emporter ſur les précédentes, comme fondées ſur un plus grand nombre d'obſervations, & ſur des obſervations d'autant plus exactes qu'elles ſont plus récentes. Mais on ne ſe contente pas à préſent, comme quelques-uns ont fait ci-devant, d'avoir des tables conformes aux obſervations: on ſouhaite qu'elles ſoient d'ailleurs fondées ſur des théories régulières, démontrées ou confirmées par les autres connoiſſances qui y peuvent ſervir, comme eſt la Phyſique, &c. C'eſt principalement en cela que notre ſiécle a bien de l'avantage ſur tous ceux qui l'ont précédé par la recherche que l'on a faite dans ces derniers temps des loix de la nature pour l'explication des mouvemens céleſtes.

Vous voyez bien, Monſieur, que je veux parler ici des recherches & des découvertes de Kepler, & de l'heureuſe application que M. Newton en a faite dans l'Aſtronomie, qui ont amené cette ſcience au point de perfection où nous la voyons à préſent: il n'a donc fallu pour mettre toutes ces connoiſſances à profit pour l'avancement de l'Aſtronomie, que dreſſer les meilleures tables Aſtronomiques que l'on les peut avoir à preſent; & qui le pouvoit mieux faire que M. Halley ! qu'un goût dominant pour l'Aſtronomie avoit excité dès ſa plus grande jeuneſſe à entreprendre tout ce qu'il y avoit de plus difficile & pénible dans cette ſcience ; & qui par la liaiſon intime qu'il avoit contractée avec M. Newton, étoit plus à portée que perſonne de puiſer à la ſource de toutes les connoiſſances néceſſaires à l'Aſtronomie ; ce qui lui a procuré l'avantage d'être le plus grand Aſtronôme de ſon temps, comme M. Newton en a été le plus grand Géométre.

Vous ſçavez, Monſieur, que ce fut en 1687 que M. Newton dans la premiére édition de ſon livre des principes, apprit au monde ſçavant l'application qu'il avoit faite de ſa théorie de la peſanteur aux mouvemens céleſtes ; mais vous ſçavez auſſi que cet ouvrage publié par l'ordre de la Société Royale & avec l'aide de M. Halley, eſt dû à ſes ſollicitations, parce qu'il en connoiſſoit tout le prix, & que M.

Newton lui avoit communiqué longtemps auparavant ſa méthode de démontrer par les loix de la nature la courbe que décrivent les planétes autour du Soleil.

Il y avoit à la vérité déja près de 80 ans que Kepler avoit démontré la même choſe par les ſeules obſervations de Tychobrahé ſur la planéte de Mars ; mais la Philoſophie de Kepler n'étoit pas aſſez éclairée pour qu'il pût tirer de ſes découvertes les mêmes conſéquences que MM. Newton & Halley en ont faites. Ce qu'il y eut encore d'avantageux pour ces derniers, eſt que l'on avoit commencé de leurs temps à faire des obſervations plus exactes qu'auparavant, par leſquelles on pouvoit déterminer encore mieux que du temps de Kepler par les ſeules obſervations les régles des mouvemens céleſtes, ou confirmer avec plus d'évidence celles que l'on auroit déduites d'autres principes.

Auſſi dès l'année 1656, M. Caſſini avoit-il démontré par les ſeules observations du Soleil faites au Gnomon de S. Petrone à Bologne, qu'il falloit admettre deux inégalités dans le mouvement de cet astre, l'une Optique & l'autre Physique, & qu'il falloit partager par la moitié son excentricité; ce que Kepler n'avoit démontré que sur la planéte de Mars, & ne l'avoit conclû pour le Soleil que par Analogie.

La courbe que décrivent les planétes, & la régle qu'elles suivent en les décrivant se trouvant confirmées par toutes les observations postérieures les plus exactes, a passé comme vous sçavez, Monsieur, pour un des fondemens des plus certains de l'Astronomie, & suivant lequel toutes les tables Astronomiques devoient être calculées; il y a cependant eu depuis quelques Astronômes qui ne croyant pas devoir s'y assujettir, aimérent mieux dresser leurs tables de l'inégalité du mouvement des planétes par leurs propres obſervations priſes ſimplement.

Les tables Aſtronomiques de M. Halley, tant du Soleil que des cinq planétes principales ſont exactement calculées ſur l'hypothéſe de Kepler, qui ſuppoſe que ces corps Céleſtes décrivent des ellipſes dont le Soleil occupe le foyer inférieur, & qui régle la viteſſe réelle de ces planétes ſur leurs ellipſes par l'égalité de leurs ſurfaces parcourues en temps égaux.

L'autre loi de la nature découverte par Kepler & démontrée par les obſervations, ſçavoir que les quarrés des révolutions des temps périodiques ſont en raiſon des cubes des moyennes diſtances des planétes au Soleil ; cette régle, dis-je, eſt encore exactement obſervée dans la conſtruction des tables de M. Halley, de ſorte qu'il n'y auroit plus qu'à comparer ces tables avec les plus exactes & les plus déterminantes obſervations, pour se convaincre si ces deux loix supposées dans leur construction sont les véritables loix de la nature.

Vous sçavez, Monsieur, que les observations les plus propres à ce dessein, sont pour les planétes supérieures leurs oppositions au Soleil ; aussi M. Halley les a-t'il choisies, & comme les observations les plus récentes sont les plus exactes, il a recherché celles de toutes les oppositions des trois planétes supérieures, Mars, Jupiter, & Saturne, faites depuis environ l'an 1660, jusqu'au temps de la publication de ses tables ; & il les a toutes calculées exactement sur ses tables.

Vous serez surpris, Monsieur, lorsque vous verrez l'accord de son calcul avec les observations ; l'erreur dans les oppositions de Mars au Soleil ne monte qu'une seule fois à 1' 6" de dégré ; & cela dans l'opposition du 1 Décembre 1659. Dans les 29 oppositions suivantes l'erreur est toujours au-dessous d'une minute ; & dans plusieurs elle n'est que de quelques secondes. Il est vrai que dans les 30 oppositions de Mars au Soleil qui sont arrivées entre les années 1657 & 1719, que M. Halley a toutes calculées par ses tables, il y en a sept dont il n'a pu trouver d'observations assez exactes pour les comparer à ses tables ; mais ce petit nombre qui lui a manqué n'est pas suffisant pour empêcher la certitude que l'on tire de l'accord de toutes les autres.

A l'égard de Jupiter & de Saturne dont les oppositions au Soleil sont plus fréquentes que celles de Mars, M. Halley a calculé de chacun les 60 derniéres oppositions jusqu'à l'année 1719, & il les a comparées de même avec les plus exactes observations ; mais quoique l'erreur de ses tables, ou plutôt la différence de calcul avec l'observation, monte jusqu'à neuf min. trois quarts dans Saturne & un peu moins dans Jupiter ; M.

Halley explique dans un avertiſſement qu'il a mis à la ſuite de ces comparaiſons, la cauſe de cette différence, qui provient, dit-il, des dérangemens que ces deux grands corps ſe cauſent mutuellement dans leurs mouvemens apparens, ſuivant les différentes ſituations dans leſquelles ils ſe trouvent entr'eux, & à l'égard du Soleil; & il aſſure qu'il n'eſt pas poſſible d'expliquer ces apparences ſans admettre de nouvelles Hypothéſes que celles qui ont été employées juſqu'ici dans la théorie de ces planétes; cependant comme il eſt perſuadé que le moyen mouvement de Jupiter s'eſt accéléré, & celui de Saturne retardé; ayant obſervé que la période de ce dernier entre les années 1668 & 1698, avoit été inconteſtablement de près d'une ſemaine entiére plus courte que ſa période moyenne, au lieu que la période entre les années 1689 & 1719, a été d'une ſemaine plus longue que la moyenne; de ſorte qu'il y a eu plus de 13 jours de différence entre ces deux périodes extrêmes; il a proposé de corriger les moyens mouvemens de ces deux planétes par une équation séculaire différente pour chacun, dont il a déterminé la quantité par la comparaison des plus anciennes observations avec celles de notre temps.

M. Halley s'étoit proposé de traiter cette matiére expressément dans un autre endroit que dans ses tables; mais étant mort sans l'avoir fait, tout ce que j'en ai pu apprendre, est ce qu'il m'a dit il y a plus de 25 ans, qu'il avoit trouvé que le mouvement de Jupiter s'étoit accéléré de 57 min. en mille ans, & que celui de Saturne s'étoit rallenti de 2° 19' dans le même espace de temps; surquoi il avoit calculé les tables des équations séculaires de ces deux planétes dont j'ai parlé ci dessus, en réglant ces équations suivant les quarrés des temps.

Je ne vous ai parlé, Monsieur, jusqu'ici que des tables des planétes ſupérieures ; je n'ai pas beaucoup à dire ſur celles des inférieures ; mais vous pouvez croire qu'elles ſont auſſi exactes qu'elles le puiſſent être, & ſurtout celles de Mercure que l'on a eues juſqu'ici tant de peine à bien régler. M. Halley eſt ſi bien parvenu à régler les mouvemens de cette planéte, qu'après ſon paſſage ſur le Soleil de l'an 1723, dont il n'avoit pu faire uſage dans la conſtruction de ſes tables parce qu'elles étoient déja imprimées; après l'obſervation, dis-je, de ce paſſage, qu'il a faite fort exactement à Greenwich & qu'il a comparée avec celle des autres Aſtronômes, il ne trouva que 28″ à retrancher de l'époque de cette planéte, & 20 ſecond. ſeulement à ajouter à la viteſſe de ſon moyen mouvement en cent ans. La correction qu'il crut devoir faire dans la poſition du nœud a été plus grande ayant été de ſept min. dont il jugea devoir reculer ce nœud après le paſſage de 1723. Mais qu'eſt-ce que c'eſt que cette petite quantité dans la poſition du nœud de cette planéte, ſur laquelle pluſieurs Aſtronômes ont beaucoup plus différé entr'eux dans les différentes déductions qu'ils en ont tirées de leurs propres obſervations.

Les Aſtronômes ont été ci-devant fort embarraſſés à déterminer par obſervation la viteſſe du mouvement des aphélies & des nœuds des planétes principales, à cauſe de la lenteur de ces mouvemens & de l'incertitude des plus anciennes obſervations, qu'il faut néceſſairement comparer avec les plus récentes, pour connoître ces mouvemens pendant le plus grand intervalle de temps qu'il eſt poſſible; mais comme ces mouvemens ont paru ſe faire du même ſens que le mouvement propre des étoiles fixes à l'égard des points équinoctiaux, le mouvement des aphelies & des nœuds a dû être encore plus lent, à l'égard des Etoiles fixes qu'à l'égard des points équinoxiaux. Cette extrême lenteur jointe à la difficulté dont j'ai parlé ci-deſſus d'en déterminer la quantité préciſe, a fait ſuppoſer à quelques Aſtronômes, comme à Street, que les Aphelies & les nœuds étoient fixes à l'égard des Etoiles fixes, & n'avoient pas d'autre mouvement en longitude qu'elles.

Pour ce qui eſt de M. Halley, n'ayant pas trouvé aſſez de certitude à déterminer le mouvement des Aphelies par la comparaiſon des obſervations anciennes avec les modernes, il a ſuivi la régle que M. Newton a donnée dans ſon Livre des principes pour déterminer le mouvement de l'Aphelie de la Terre, de Venus & de Mercure, en ſuppoſant celui de Mars connu.

A l'égard des nœuds des Planétes principales, M. Halley a ſuppoſé, apparemment d'après les obſervations, ceux de Mercure & de Jupiter exactement égaux au mouvement propre des Etoiles fixes ; car quoique depuis l'obſervation qu'il a faite du paſſage de Mercure ſur le Soleil en 1723, qu'il a comparée avec celle qu'il avoit faite 46 ans auparavant dans l'Iſle Sainte Hélene, il ait trouvé que les nœuds de Mercure s'étoient avancés pendant cet intervalle de temps d'une minute & demie à l'égard des Etoiles fixes, il ſuppoſe cependant dans la Diſſertation qu'il a donnée ſur ce dernier paſſage, après l'impreſſion de ſes tables, que les nœuds de Mercure n'ont point de mouvement ſenſible à l'égard des Etoiles fixes ; n'ayant pas cru apparemment pouvoir déterminer la viteſſe de ce mouvement juſqu'à la préciſion d'une minute & demie, dans l'intervalle de 46 ans, par des obſervations auſſi peu propres à cela que l'ont été celles des deux paſſages ſuſdits ; mais comme depuis le paſſage de 1723 l'on a encore obſervé fort exactement ceux des années 1736, 40. & 43 ; il ſera aiſé d'examiner ſi les nœuds de Mercure ont un mouvement différent de celui des Etoiles fixes, ou non, & de rectifier en ce point les tables de M. Halley, ſi elles en ont beſoin. Pour ce qui eſt du mouvement des nœuds de Venus, Mars & Saturne que M. Halley fait différent de celui des Etoiles fixes, ſans en rendre raiſon, il y a apparence que ce ſont les obſervations qui l'y ont déterminé.

Aux tables du Soleil, M. Halley a joint celles des Etoiles fixes, qui conſiſtent dans un catalogue des 140 principales, dont il a marqué la longitude & la latitude pour le commencement de l'année 1720. Ces poſitions ont été déduites des obſervations de M. Flamſted, & ſont auſſi exactes, à ce que m'a aſſuré M. Halley, que l'on les pouvoit avoir de ce temps-là.

Les tables de la Lune, qui ſont une des principales parties de ſon Recueil, étant exactement calculées ſur la théorie de la peſanteur de M. Newton, vous n'exigez pas de moi, Monſieur, que j'entre dans le détail de cette théorie que vous connoiſſez parfaitement; ainſi je me bornerai à l'hiſtorique de ces tables.

Il y a plus de cent ans qu'Horroxius, jeune Aſtronome Anglois, découvrit par les obſervations & la force de ſon génie, la véritable cauſe d'une des principales inégalités de la Lune, qu'il trouva provenir de la variation de ſon excentricité & de la libration de ſon apogée. Cette découverte que ce jeune Aſtronome regarda comme une des principales que l'on pouvoit faire en Aſtronomie, a été adoptée depuis ce tems-là par plusieurs Aſtronomes, s'étant trouvée la plus propre à bien repréſenter la plus grande inégalité du mouvement de la Lune, la variation de ſes diamétres apparens, &c. M. Flamſted ayant eu des premiers connoiſſance de la théorie de la Lune d'Horroxius, long-temps après ſa mort, s'en eſt ſervi pour calculer des tables qui ont été imprimées dès l'année 1673, à la ſuite des Œuvres poſthumes d'Horroxius, publiées par M. Wallis.

Cinq années après M. Halley étant de retour de ſon voyage de l'Iſle de Ste Hélene, où il étoit allé obſerver les Etoiles Auſtrales, ajouta au catalogue de ces Etoiles, quelques nouvelles réflexions ſur la théorie de la Lune; il y propoſa une nouvelle équation de la Lune, à laquelle on n'avoit point eu égard juſque-là, & qui dépendoit de la diſtance du Soleil à la Terre, la Lune paroiſſant aller plus vîte lorſque le Soleil eſt plus éloigné de la Terre, que lorſqu'il en eſt plus proche. Cette nouvelle équation devoit donc être analogue à l'équation du Soleil, qui varie ſuivant les diſtances du Soleil à la Terre. M. Halley détermina par les obſervations la quantité de cette nouvelle équation, qu'il trouva neuf fois plus petite que celle du

Soleil, ou d'environ treize minutes, lorſqu'elle eſt la plus grande ; mais M. Newton ayant trouvé par ſa théorie de la peſanteur cette équation de 11′ 49″ environ lorſqu'elle eſt la plus grande, M. Halley s'y eſt conformé dans la conſtruction de ſes tables.

M. Halley a auſſi fait avant l'année 1679. une addition à la théorie d'Horroxius ſur la variation de l'excentricité de la Lune & la libration de ſon apogée, & il en a donné l'idée dans l'endroit cité ci-deſſus, à la ſuite de ſon catalogue des Etoiles Auſtrales ; M. Newton ayant trouvé cette idée conforme à ce que demande la théorie de la peſanteur, en a compoſé une ſeconde équation de la Lune qu'il a déterminée de 2′ 25″, à quoi M. Halley s'eſt entiérement conformé dans ſes tables, où il donne cette équation pour la quatriéme de la Lune.

L'on voit encore dans les premiéres réflexions de M. Halley, ſur la théorie de la Lune dans l'endroit cité ci-deſſus, la cauſe qu'il a ſoupçonnée de la variation que Tychobrahé avoit découverte par ſes propres obſervations dans la latitude de la Lune & l'inclinaiſon de ſon orbite ; M. Newton ayant enſuite déduit l'une & l'autre de la théorie de la peſanteur, & ayant déterminé la quantité préciſe de ces deux variations dans ſon Livre des Principes, M. Halley s'y eſt parfaitement conformé dans ſes tables Aſtronomiques.

Je ne vous rapporte, Monſieur, ces points de la théorie de la Lune de MM. Halley & Newton, que pour vous faire voir la part que M. Halley y a eue, en imaginant la véritable cauſe des inégalités de la Lune que M. Newton a trouvé moyen enſuite de déduire exactement de ſa théorie de la peſanteur.

Vous pouvez juger, Monſieur, que M. Halley après de ſi heureux commencemens, n'en eſt pas reſté, là, & comme il étoit aussi laborieux que curieux ; il n'a pas cessé de s'assurer par tous les moyens possibles de la véritable théorie de la Lune ; il s'y trouva particuliérement excité par le dessein qu'il eut dès les commencemens d'employer la Lune à la découverte des longitudes, tant sur terre que sur mer ; & par l'espérance qu'il conçut de bonne heure d'en pouvoir venir à bout d'une maniére suffisante pour la navigation, quand même la théorie de la Lune ne se pourroit pas porter de sitôt au point de précision dont on paroissoit avoir besoin pour cela.

Le moyen que M. Halley imagina pour se passer dans la recherche des longitudes sur mer, d'une connoissance parfaite de la théorie de la Lune, consistoit à recueillir le plus d'observations suivies qu'il seroit possible du cours de cette planéte dans toutes ses différentes situations, tant à l'égard de son apogée & de son nœud, qu'à l'égard l'égard du Soleil & de ſon apogée, & à marquer l'erreur de la théorie dans chacune de ces ſituations ; afin d'y avoir égard dans les obſervations que l'on feroit ſur mer, dans leſquelles la Lune ſe ſeroit retrouvée dans la même ſituation où elle auroit été obſervée précédemment.

M. Halley annonça pour la premiére fois ce projet dans un Appendice qu'il fit imprimer en 1710, à la ſuite de la ſeconde édition de l'Aſtronomie de Stréet, & il y joignit près de deux cens obſervations qu'il avoit faites ſur la Lune pour ce deſſein, dans l'intervalle de 16 mois les années 1682. 83. & 84. Ces obſervations furent faites avec le même ſextant de fer & de cuivre de cinq pieds & demi Anglois de rayon, qu'il avoit fait faire pour déterminer le lieu des Etoiles Auſtrales dans l'Iſle de Ste Héléne en 1677. par leurs diſtances à deux Etoiles connues ; mais quoiqu'il n'eût pas alors d'autres tables Aſtronomiques avec leſquelles il pût comparer ſes obſervations, que celles de M. Flamſted, calculées ſur la théorie d'Horroxius, leſquelles n'étoient pas auſſi éxactes qu'il auroit ſouhaité, il trouva cependant que les différences de ces tables avec les obſervations, gardoient une ſorte de régularité ſuffiſante pour le convaincre, que ſi la Lune avoit été obſervée avec la même préciſion dix-huit ans auparavant (qui eſt la période qui raméne la Lune dans la même ſituation à l'égard de ſon apogée, de ſon nœud & du Soleil), il auroit pu prédire dans ſes obſervations l'erreur des tables, avec une préciſion qui n'auroit pas été inférieure à celle des obſervations même.

M. Halley auroit bien ſouhaité pouvoir continuer pendant la période ſuſdite des obſervations qu'il n'avoit faites que pendant ſeize mois; mais des embarras domeſtiques l'en ayant empêché, il se crut obligé d'attendre la publication des observations qui se faisoient alors journellement à Greenwich & à Paris : & cependant ayant eu ordre de faire deux voyages sur mer, long-temps après, les années 1699. & 1700. pour d'autres recherches utiles à la navigation, il y employa la méthode susdite pour déterminer la longitude de son vaisseau, & il nous a assuré que quand il a pu observer le passage de la Lune auprès d'une Etoile fixe, il a souvent corrigé sa route des erreurs inévitables dans un voyage de long cours. Ce fut aussi par la même méthode qu'il prédit avec plus d'exactitude, qu'il n'auroit pû faire sans cela, la grande eclipse du Soleil du 2 Juillet 1684 (anc. st.) qu'il observa à Londres; s'étant servi pour cette prédiction de l'éclipse du Soleil du 22 Juin 1666, qui avoit été vûe à Londres de même qu'à Dantzik, & qui avoit précédée celle de 1684 de la période de dix-huit ans.

Quelqu'envie que M. Halley eût après ces essais, d'avoir des observations exactes non interrompues de la Lune pendant une période entiére de dix-huit ans, il ne put se les procurer qu'en entreprenant de les faire soi-même, lorsqu'après la mort de M. Flamsted, arrivée sur la fin de l'année 1719, il fut choisi pour lui succéder en qualité d'observateur Royal & de Directeur de l'Observatoire de Greenwich. Quoique M. Halley eût alors plus de 63 ans, il eut encore le courage d'entreprendre ce travail; mais il ne put le commencer que deux ans après, au commencement de l'année 1722, parce-qu'ayant trouvé l'Observatoire de Greenwich dépourvû des instrumens qui avoient appartenu à M. Flamsted, & que ses Héritiers avoient enlevés, il se trouva obligé d'en faire faire de nouveaux, &

principalement un inſtrument qui lui avoit paru le plus ſimple & le plus exact, pour déterminer le lieu de la Lune tous les jours par le temps de ſon paſſage au Méridien.

Cet inſtrument ne conſiſtoit que dans une excellente lunette, faite par M. Hook, de ſix pieds de longueur, qui ſe mouvoit ſur un axe qui lui étoit perpendiculaire, & qui étoit fermement attaché dans une ſituation horiſontale exactement perpendiculaire à la méridienne; de ſorte que la lunette décrivoit dans le ciel le méridien; ce dont M. Halley s'étoit aſſuré par toutes les vérifications que l'on employe en pareilles occaſions. Ce fut avec cet inſtrument que M. Halley obſerva conſtamment tous les paſſages qu'il put de la Lune par le méridien, depuis le 13 Janvier 1722, juſque peu de temps avant ſa mort, arrivée au commencement de Janvier 1742, s'étant fait aider par différentes perſonnes dans ces dernières années.

En 1731. M. Halley après avoir fourni la moitié de cette carrière, & fait près de 1500 observations sur la Lune pendant l'espace de neuf ans, ou durant une révolution de l'apogée de la Lune; ce qui étoit faire autant d'observations lui seul que Tychobrahé, Hevélius & Flamsted en avoient fait tous ensemble, M. Halley, dis-je, crut devoir en rendre compte au public, en lui annonçant jusqu'à quelle précision toutes ces observations s'accordoient avec des tables qu'il avoit calculées sur les principes de M. Newton; il assure que dans les observations consécutives plusieurs mois durant, l'erreur n'alloit pas à plus de deux minutes dans le lieu de la Lune; dont il croit encore qu'une partie pouvoit être attribuée au défaut de l'observation. Si dans d'autres observations l'erreur de la théorie est plus grande & va quelquefois jusqu'à cinq minutes, M. Halley dit que cela arrive dans cette partie de l'orbe de la Lune où M. Flamſted s'étoit donné rarement la peine de l'obſerver ; car la théorie de M. Newton, ſur laquelle M. Halley avoit calculé ſes tables, étant fondée ſur les obſervations de M. Flamſted, ne pouvoit pas manquer de ſe ſentir du vuide de ſes obſervations.

Quoiqu'il en fut, le principal deſſein de M. Halley n'étant pas alors de corriger les tables ; mais ſeulement de marquer leur différence avec l'obſervation, pour y avoir égard lorſque la Lune ſeroit revenue dans la même ſituation, après une ou deux périodes de dix-huit ans, ou de neuf ans ſeulement ; il s'attacha principalement dans le compte qu'il rendit de ſes neuf premiéres années d'obſervations, à faire voir de quelle utilité & préciſion pouvoit être cette recherche dans la découverte des longitudes ſur mer; car aſſurant que ſur ce qu'il avoit obſervé depuis 1722, juſqu'en 1731, il étoit en état de prédire le vrai lieu de la Lune pour les neuf années ſuivantes, ſans ſe tromper de plus de deux minutes, il trouve que c'eſt toute la préciſion néceſſaire pour déterminer la longitude en pleine mer à vingt lieues près ſous l'Equateur, & à moins de quinze lieues près dans la Manche. Pour ce qui eſt de l'obſervation, il ne doute pas que l'on ne puiſſe toujours la faire ſur mer avec un degré ſuffiſant de préciſion, en obſervant la diſtance apparente de la Lune aux Etoiles fixes, avec un inſtrument inventé pour cela par M. Hadley.

Pour mettre tout le monde & ſurtout les navigateurs, en état de profiter de ces avantages, M. Halley s'étoit propoſé de publier inceſſamment ſes obſervations avec les tables qui avoient été déja imprimées depuis 1719; mais il eſt mort avant que le public ait encore pû jouir de ce trésor. Ce qui a différé la publication de ces tables n'a point été, comme quelques-uns l'ont cru, une mésintelligence & des discussions survenues entre les Héritiers de M. Halley & le Libraire ; ce qui n'auroit tout au plus subsisté que depuis la mort de M. Halley. La véritable raison qui l'a fait différer à publier ses tables de son vivant, est qu'il vouloit continuer, comme il le dit lui-même, à examiner dans quelles parties de l'orbite de la Lune ses calculs étoient défectueux, & de combien étoit l'erreur ; ce qu'il ne pouvoit faire que par la suite des observations ; & avant qu'il se fût satisfait sur cela, il n'avoit pas permis au Libraire, qui avoit fait les frais de l'édition, d'en distribuer les exemplaires.

M. Halley d'ailleurs, s'étoit contenté de faire imprimer de son vivant les seules tables avec peu d'explications, ſans en marquer les uſages, dans toute l'étendue qu'il s'êtoit propoſé de le faire dans la ſuite. Auſſi lorſque j'étois en Angleterre, au mois de Septembre 1724, & que M. Halley me fit la grace de m'en donner un exemplaire, en me les expliquant & m'apprenant à m'en ſervir, ce ne fut qu'après l'avoir aſſuré, comme il exigeoit de moi, que je ne les communiquerois à aucun Aſtronome, & que je me réſerverois à moi ſeul l'uſage que j'en ferois. Je promis auſſi au Libraire de ne les point laiſſer voir ni copier, afin de ne point nuire à ſon édition par une impreſſion étrangére.

Ce ſeroit ici lieu de vous parler, Monſieur, de tout l'uſage que j'ai fait des tables de M. Halley depuis 25 ans que je les poſſéde; mais comme cette Lettre, n'eſt déja que trop longue & qu'il me reſte encore à vous parler des tables Satellites de Jupiter & de Saturne, &

des Cométes que M. Halley a insérées dans sa collection, je suis obligé de remettre à une seconde Lettre à vous en entretenir, en vous marquant en même temps ce qu'il y auroit à ajouter à l'ouvrage de M. Halley, pour le rendre le plus utile qu'il est possible, tant à ceux qui veulent seulement être instruits des véritables principes de l'Astronomie, qu'aux Astronomes même de profession qui voudroient employer leurs veilles & leurs recherches à la perfection de cette belle Science.

Je suis, Monsieur, votre, &c.

De l'Imprimerie de QUILLAU, 1749.

www.ingramcontent.com/pod-product-compliance
Lightning Source LLC
LaVergne TN
LVHW052012160826
845678LV00003B/1018

* 9 7 8 2 3 2 9 6 5 2 1 1 5 *